我的 STEAM 遊戲書

科技動手讀

TECHNOLOGY Scribble Book

本書裡的各項發現，由本人動手完成：

作者／愛麗絲・詹姆斯 (ALICE JAMES)、湯姆・曼布雷 (TOM MUMBRAY)

繪者／佩卓・邦恩 (PETRA BAAN)

設計／艾蜜莉・巴登 (EMILY BARDEN)

翻譯／汀坤山

顧問／大衛・魯尼 博士 (DAVID ROONEY)

遠流

目錄

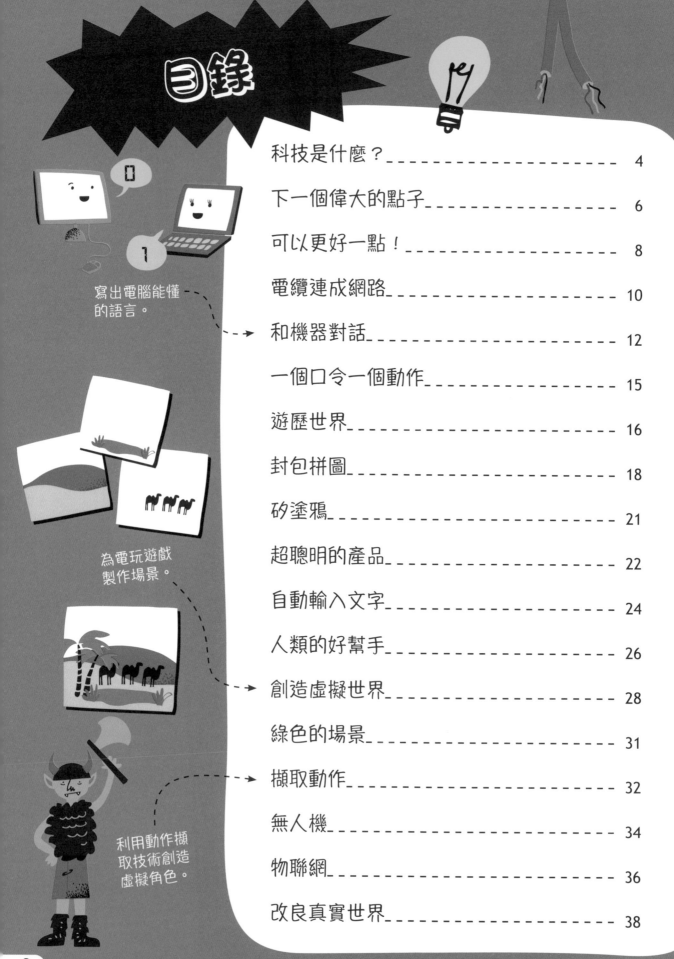

寫出電腦能懂的語言。

為電玩遊戲製作場景。

利用動作擷取技術創造虛擬角色。

思考新的
發電技術。

小步快跑

描繪以動物
為靈感的機
器人。

穿過礦坑，
找出隱藏的
加密貨幣。

科技是什麼？

科技是利用我們的知識創造和製造東西，比方說輪子、橋樑、機器人和無人機。它是用來解決問題的學問，好比發明新的解決方法，或是找到更好的做事方式。

下面這些例子是你在生活中可能看過或用過的科技。

筆記型電腦

電腦

手機

鉛~~

平板電腦

傳訊應用程式

31

燈泡

網站

飛機

無人機

包裝材料

汽車

嘟嘟

你好

醫療

橋樑

輪子

交通號誌

洗衣機

機器人

這本書裡有什麼？

這本書裡有滿滿的點子，讓你可以：

設計 DESIGN

SOLVE 解決 問題

Create 創造

Think 思考

Invent 發明

探 EXPLORE 索

科技是變化非常快速的領域，但有些發展會引起爭議──也就是說，人們對於該不該使用某些技術有不同的看法。當你閱讀本書提到的技術，或動手做時，請思考一下，這些技術是好還是壞，或有好也有壞呢？

你需要什麼？

想讀好這本書，大多時候只需要這本書本身和一枝筆。有些地方可能會用到紙張、膠水或膠帶，以及剪刀。

連結

如果想下載書裡的樣板，請前往 ys.ylib.com/activity/STEAM/TECH/。請大人幫忙列印，上網時也別忘了遵守線上安全的規則。

下一個偉大的點子

科技就是讓腦中想法成真的技術。 你想要發明什麼樣的技術？ 試試下面的例子， 或者自己想一個新點子。

語言翻譯裝置

你好

OLA

清除海洋塑膠的機器人

智慧望遠鏡

那是什麼鳥？

老鷹

請你依序按照設計步驟，寫出自己想到的新點子。

問題是什麼？

先弄清楚你要解決什麼問題。這個步驟稱為定義問題。

為你定義的問題畫下思考流程圖。

機器人清潔海洋可能遇到的問題

它要怎麼捕捉垃圾？

它要如何在海上移動？

找出解決辦法

想想看，你的技術能用什麼辦法解決問題？這個步驟叫做概念化。

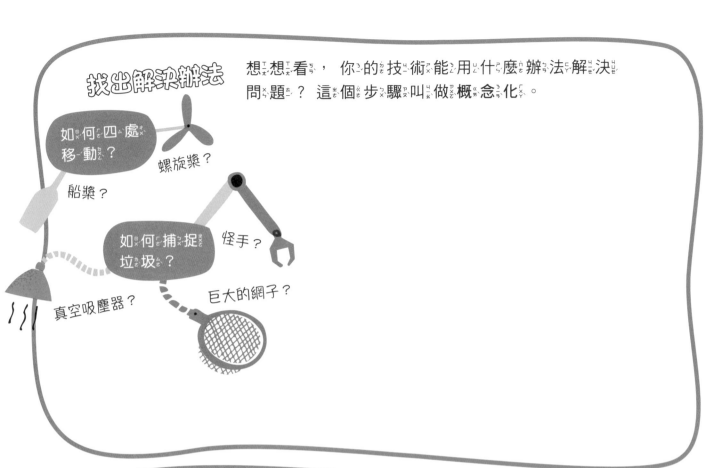

如何四處移動？
螺旋槳？
船槳？
真空吸塵器？

如何捕捉垃圾？
怪手？
巨大的網子？

動手設計！

請在這裡畫出你的技術，並說明每個零件或裝置的功能。

可以更好一點！

科技並不是都來自全新的點子，有時是**發展**和**改善**已經存在的事物，或是**結合**其他技術，讓事情可以運作得更好。下面是等著我們改善的技術。

造成空氣污染的車子

不能重複使用的包裝

嗯不…

需要更換電池的裝置

請你選擇其中一項你想改善的技術，或自己想一個。按照下面的步驟，試著讓它變得更好。

以前做過哪些嘗試？

想一想看，人們為了解決問題，曾經做過哪些改善。

讓包裝變得可重複使用

更強韌的塑膠袋

可重複清洗的杯子

分析生活中常見的科技

寫下技術的**優點**和**缺點**，想想看如何改善。

例如：可重複使用的杯子

優點

減少垃圾

缺點

要記得隨身攜帶

改善方式

讓杯子不用時可戴在手上

可重複使用的杯子手鐲

設計新產品

在這裡畫出你改良後的技術與產品。

電纜連成網路

很多技術必須依賴網際網路。 網際網路是由電腦構成的巨大網路， 靠電纜相互連結。 這些電纜多半位在海底， 看起來有點像這張圖。

哪一條是從日本到格陵蘭最快的路線， 它會經過最少電纜？ 試著畫出最快的路線，並數數看總共用了幾條電纜？

加拿大

日本

印度

電腦會藉由傳送資料和影像來分享資訊， 這些資料和影像會分解成小單元， 稱為封包（ 請看第 18 頁）。 封包通常會經由不同的路線穿越網路， 到達目的地。

澳洲

起點

現在有四個封包要從紐西蘭傳到日本， 它們個別走最短的路線。 每條路線都會經過三條電纜， 請在地圖上畫出這四條路線。

紐西蘭

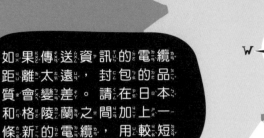
如果傳送資訊的電纜距離太遠，封包的品質會變差。請在日本和格陵蘭之間加上一條新的電纜，用較短的路線連接兩國。

資訊能在幾毫秒內傳送幾百萬公里遠。

格陵蘭

冰島

愛爾蘭

英國

美國

利比亞

電纜從海裡登上陸地的地方叫做登陸站，從登陸站開始與陸地上的線路相連。

巴西

安哥拉

秘魯

鯊魚會受電纜吸引，並且破壞電纜。科學家還不確定鯊魚為什麼這麼做。請找出另外三個遭鯊魚咬斷的電纜，並圈起來。

智利

南非

和機器對話

電腦靠著一種稱為機器碼的語言來運作，機器碼由 0 與 1 這兩種符號組成。 0 與 1 代表電腦記憶晶片裡幾百萬個小開關的狀態：每個開關不是關（0），就是開（1）。

每個 0 與 1 都是一個位元（完整說法是二進位元），位元能提供電腦從文字到影像等各種資訊。請塗黑下方的開（1），你看見了什麼呢？

```
0 0 0 0 0 0 0 0 0 0 0 0 0 0 0 0 0 0 0 0 0 0
0 0 0 0 0 0 1 1 1 1 1 0 0 0 0 0 0 0 0 0 0 0
0 0 0 0 1 1 1 1 1 1 1 1 1 0 0 0 0 0 0 0 0 0
0 0 0 1 1 1 1 1 1 1 1 1 1 1 0 0 0 0 0 0 0 0
0 0 0 1 1 1 1 0 0 0 0 1 1 1 0 0 0 0 0 0 0 0
0 0 1 1 1 1 1 0 0 0 0 1 1 1 1 0 0 0 0 0 0 0
0 0 1 1 1 1 1 0 0 0 1 1 1 1 1 0 0 0 0 0 0 0
0 1 1 1 1 0 0 0 0 0 0 0 0 0 0 0 0 0 0 0 0 0
0 1 1 1 1 0 0 0 1 0 0 0 0 0 0 1 1 0 0 0 0 0
0 1 1 1 1 0 0 1 1 0 0 0 0 0 0 1 1 0 0 0 0 0
0 1 1 1 1 0 0 1 1 0 0 0 0 0 0 1 1 0 0 0 0 0
0 0 1 1 1 0 0 0 0 0 0 0 1 1 0 0 1 1 0 0 0 0
0 0 1 1 1 0 0 0 0 0 0 1 1 0 0 1 1 0 0 0 0 0
0 0 1 1 1 0 0 0 0 0 1 1 0 0 1 1 0 0 0 0 0 0
0 0 0 1 1 1 0 0 1 1 1 1 1 1 1 0 0 0 0 0 0 0
0 0 0 1 1 1 1 1 1 1 1 1 1 0 0 0 0 0 0 0 0 0
0 0 0 1 1 1 1 1 1 1 1 0 0 0 0 0 0 0 0 0 0 0
0 0 1 1 1 1 0 0 0 1 1 0 0 0 0 0 0 0 0 0 0 0
0 0 0 1 1 0 0 0 0 0 1 0 0 0 0 0 0 0 0 0 0 0
0 0 0 1 1 1 0 0 0 0 0 0 0 0 0 0 0 0 0 0 0 0
0 0 0 0 1 1 0 0 0 0 0 0 0 0 0 0 0 0 0 0 0 0
0 0 0 0 0 1 0 1 0 0 0 0 0 0 0 0 0 0 0 0 0 0
```

當你用鍵盤輸入一個字母，它會轉換成八個位元，這個組合叫做二進位碼。

英文字母的二進位碼

字母	二進位碼
A	0 100000 1
B	0 10000 10
C	0 10000 11
D	0 1000 100
E	0 1000 10 1
F	0 1000 110
G	0 1000 111
H	0 100 1000
I	0 100 100 1
J	0 100 10 10
K	0 100 10 11
L	0 100 1100
M	0 100 110 1
N	0 100 1110
O	0 100 1111
P	0 10 10000
Q	0 10 1000 1
R	0 10 100 10
S	0 10 100 11
T	0 10 10 100
U	0 10 10 10 1
V	0 10 10 110
W	0 10 10 111
X	0 10 11000
Y	0 10 1100 1
Z	0 10 110 10

根據圖示想一想，下面五行符號分別代表哪個英文字母，最後會拼出哪個英文單字呢？

OFF（0）
ON（1）

試著把每個開和關轉換成1與0。

在下面的虛線填上你選擇的英文字母，以及相對應的二進位碼。每條虛線填入一個字母。

不一定要填滿所有虛線喔！

電腦螢幕由像素組成，像素是一個個小方格，會發出不同濃度的紅、綠或藍光，混合這些光線，可得到超過 1600 萬種顏色。

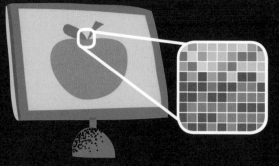

每個像素是一種色彩，但它們太小了，除非靠近看，否則幾乎不會注意到。

在下面的像素方格裡，創造出你心中的特寫影像。

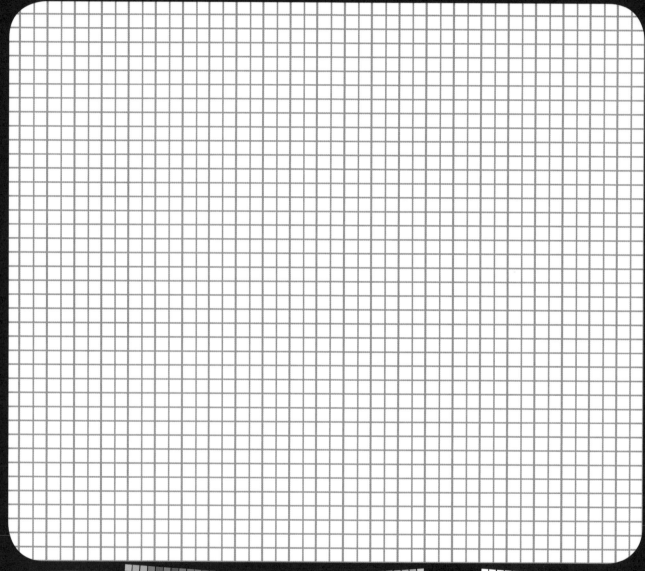

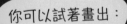你可以試著畫出：

一棵樹

一隻眼睛

一頭長頸鹿

一個口令一個動作

電腦要處理任務，必須按照詳細指令，一步接著一步完成。這套為了完成某項任務的指令，叫做演算法。

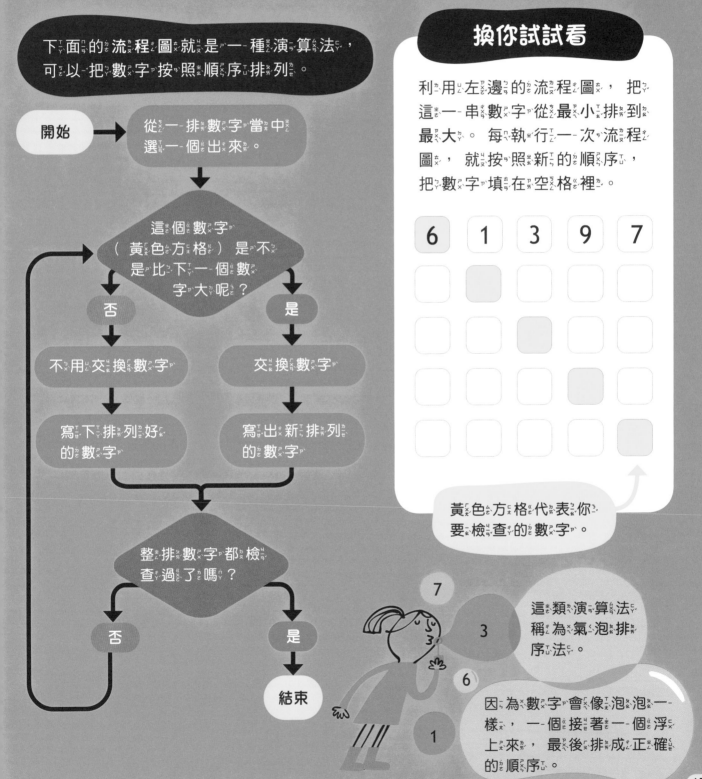

下面的流程圖就是一種演算法，可以把數字按照順序排列。

開始 → 從一排數字當中選一個出來。

這個數字（黃色方格）是不是比下一個數字大呢？

否 → 不用交換數字 → 寫下排列好的數字

是 → 交換數字 → 寫出新排列的數字

整排數字都檢查過了嗎？

否

是 → 結束

換你試試看

利用左邊的流程圖，把這一串數字從最小排到最大。每執行一次流程圖，就按照新的順序，把數字填在空格裡。

6　1　3　9　7

黃色方格代表你要檢查的數字。

7
3
6
1

這類演算法稱為氣泡排序法。

因為數字會像泡泡一樣，一個接著一個浮上來，最後排成正確的順序。

15

遊歷世界

人類的運輸技術一直在進步。交通工具經過不斷改良，無論是公路旅行或是登上月球，都讓人們可以更快、更舒適的到達目的地。

這條時間軸顯示了人類交通工具的重大進展。

1961 年
第一次登陸月球

1903 年
第一次成功動力飛行

1964 年
第一款高速「子彈」列車

1969 年
第一次載人的太空任務

設計交通工具

接下來會出現哪種新的交通工具呢？在這裡畫出你對未來交通工具的想像。

個人運輸艙

飛天車

會互相通報交通狀況的智慧汽車

前方塞車！

請變更路線！

嗶

嗶

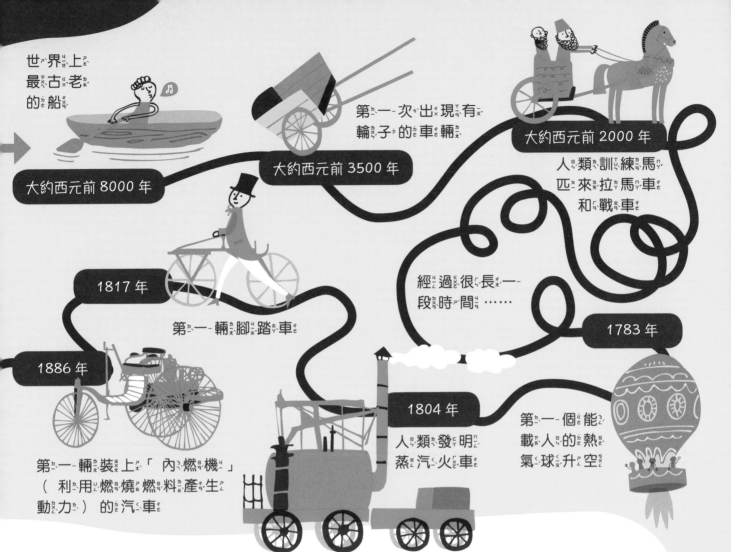

世界上最古老的船

大約西元前 8000 年

第一次出現有輪子的車輛

大約西元前 3500 年

大約西元前 2000 年

人類訓練馬匹來拉馬車和戰車

1817 年

第一輛腳踏車

經過很長一段時間……

1783 年

1886 年

1804 年

人類發明蒸汽火車

第一個能載人的熱氣球升空

第一輛裝上「內燃機」（利用燃燒燃料產生動力）的汽車

封包拼圖

電腦透過網路傳送資訊時， 會把資訊拆成好幾個部分， 也就是封包。 這樣一來， 資訊可以傳送得很快， 但不一定按照正確的順序到達。

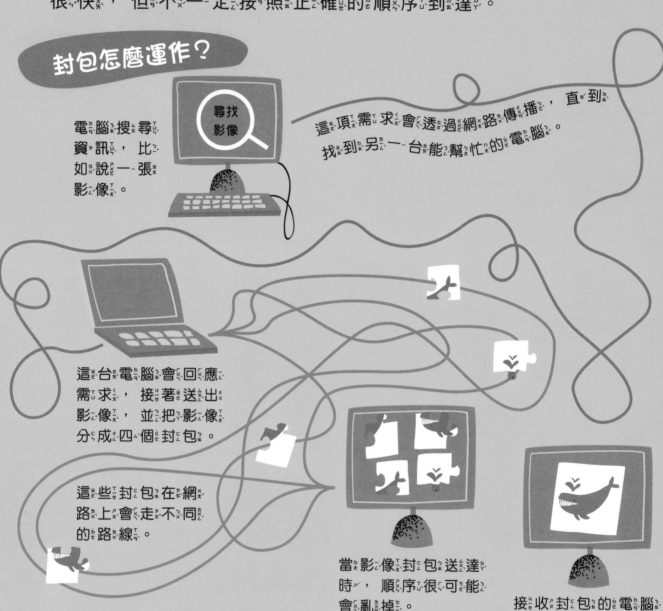

封包怎麼運作？

電腦搜尋資訊， 比如說一張影像。

這項需求會透過網路傳播， 直到找到另一台能幫忙的電腦。

這台電腦會回應需求， 接著送出影像， 並把影像分成四個封包。

這些封包在網路上會走不同的路線。

當影像封包送達時， 順序很可能會亂掉。

接收封包的電腦把它們拼回原本的影像。

動手做

電腦傳送一張影像給你， 但分成了 16 個封包。 把右頁的樣板影印下來， 或從 ys.ylib.com/activity/STEAM/TECH/ 下載。 把每一格剪下來， 你可以把它們拼回原本的樣子嗎？

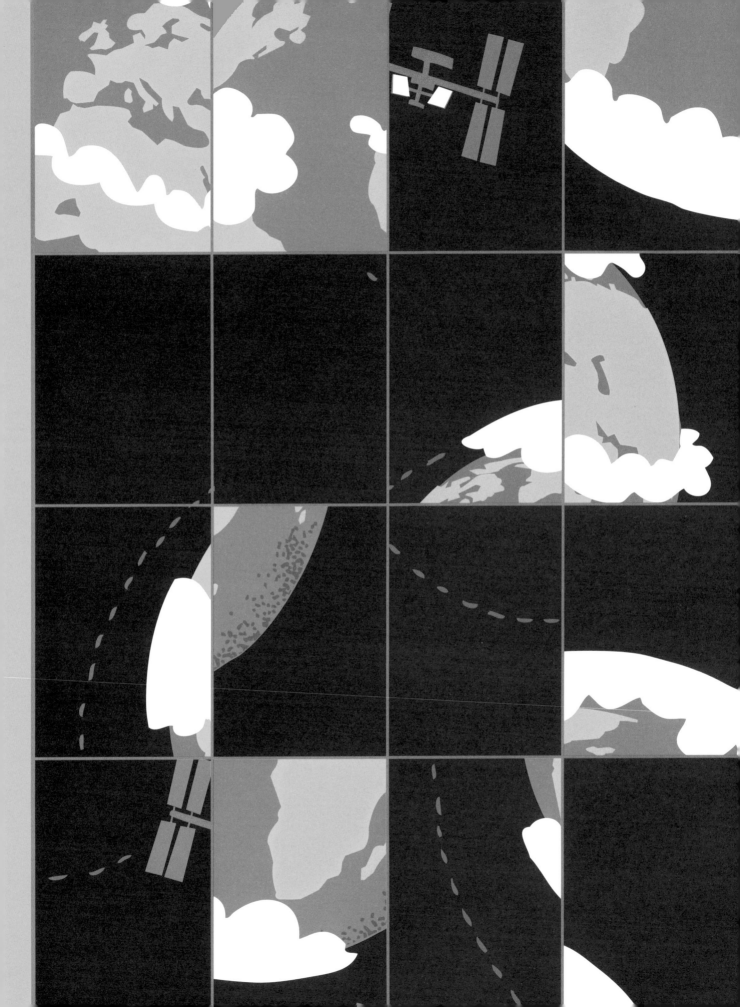

矽塗鴉

電腦裡有很多微小的矽晶片，還有更細小的電子電路。當這些電路通了電，就能讓電腦「思考」。設計這些電路的晶片製造商，有時會偷偷在電路之間放入圖片，這些圖片就叫做矽塗鴉。

矽塗鴉非常小，必須透過顯微鏡才看得到。

設計矽塗鴉

在電路之間的空白處，畫上你的矽塗鴉吧！

晶片製造商，曾放入的塗鴉有……

一把長號

披著斗蓬的大象

中世紀城堡

矽塗鴉在過去比較常見，現在愈來愈少了。
因為如果塗鴉放錯了位置，即使只差一點點距離，
也可能破壞電路，所以很多晶片製造商不想冒險。

超聰明的產品

現在有各種智慧型電子產品，它們可跟使用者和其他的裝置互動、溝通，例如可傳送和接收訊息的智慧型手錶，以及聽得懂你在說什麼的智慧型喇叭。

設計智慧產品

你可以把智慧型電子產品裝到各種日常用品上，讓它們變得更有用。請在這裡畫出你的新設計。

一些好點子

塗鴉轉錄筆

這枝筆讓你在任何地方寫的內容出現在螢幕上。

運動分析鞋

這雙鞋能把力量、速度和方向等訊息傳給電腦，分析你的運動狀態。

永不迷路大衣

大衣裡有導航系統，能跟 GPS 衛星溝通，找到正確的方向。

向左轉

寫下這項智慧產品的名字：

自動輸入文字

多數智慧型手機都有自動完成的功能，在你打字時自動建議接下來的字詞。這項功能是根據你曾經輸入的句子，判斷接下來最可能出現哪個字。

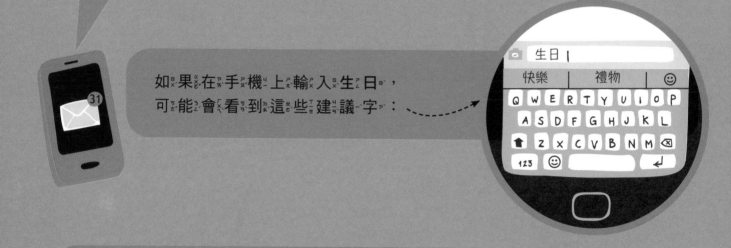

如果在手機上輸入生日，可能會看到這些建議字：

自動完成技術會設定每個字出現在其他字後面的機率，當這個字絕對不可能出現，機率會是 0，如果絕對會出現，機率就是 1。

設定機率的工具稱為馬可夫鏈。

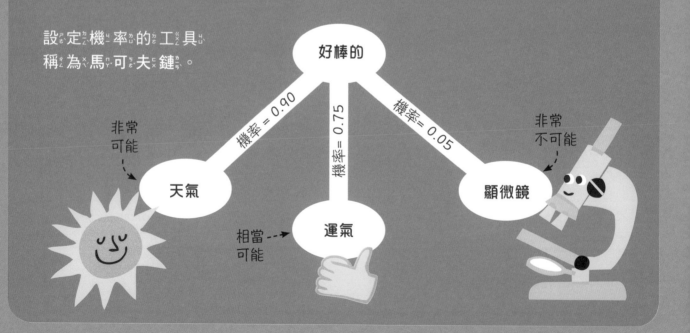

動手做

利用右邊的馬可夫鏈來預測你的句子。

每次都選擇機率最高的字，把這些字連起來，找出最可能出現的句子，寫在這裡。

每次都選擇機率最低的字，把這個最不可能出現的句子寫在這裡。

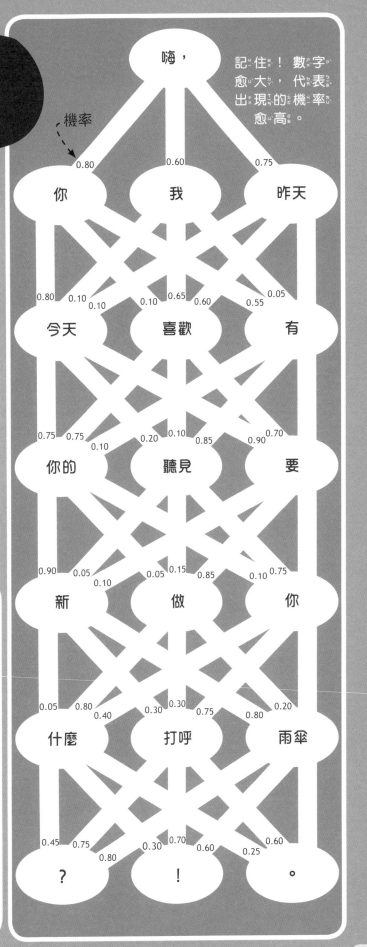

人類的好幫手

很多科技公司想要打造人形機器人，這些機器人的外觀和動作很像人類，而且必須具備人工智慧，以及很多複雜的構造，還能做很多動作。

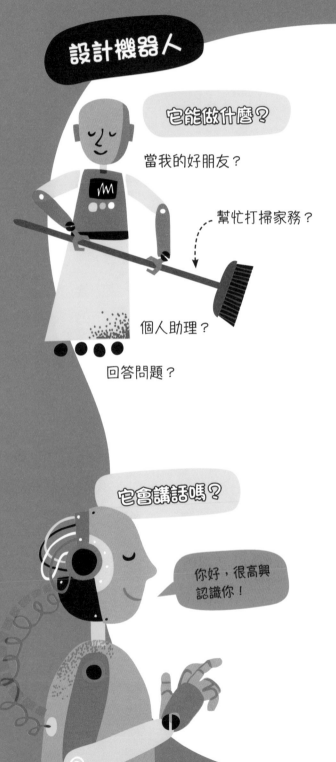

設計機器人

它能做什麼？

當我的好朋友？

幫忙打掃家務？

個人助理？

回答問題？

它會講話嗎？

你好，很高興認識你！

它會如何移動？

懸浮式？

輪子？

有關節的
雙腿？

還是用履帶？

它看起來像
真的人嗎？

如果人形機器人太像真
人，會讓人覺得緊張不
安。科學家稱這種現象
為恐怖谷效應。

創造虛擬世界

製作電玩遊戲和電影的動畫師，會使用科技讓畫出來的東西看起來像真的，而且很立體。其中有一項技術可用來繪製動畫場景，叫做畫家演算法。

畫家演算法怎麼運作？

駱駝　　　　綠洲

1. 動畫師利用電腦畫出各種會出現在場景中的影像，例如……

天空

樹

沙丘

2. 動畫師決定如何將這些圖一層一層疊起來。

3. 演算法把所有圖層結合成完整的場景。

演算法會建立完整的立體場景，讓角色人物可在複雜的場景裡走來走去。

天空

沙丘

樹

駱駝

綠洲

這個場景由很多層圖片組合而成，請由遠而近，依序把它們畫出來或寫上名稱。

遠景

天空

近景

28

利用下方的影像，在空白處創造一個場景。

把下面的樣板影印下來，或從 ys.ylib.com/activity/ STEAM/TECH/ 下載，然後沿著外形剪下來。先想好影像的先後順序，再依序黏在藍色方框裡。

有些畫家畫圖時，也是一層一層畫在紙上，所以這項技術才會稱為畫家演算法。

但這個演算法無法處理每一種影像排列方式。

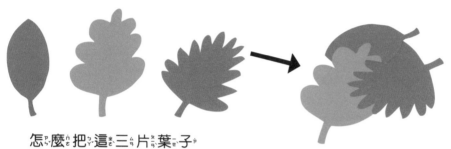

怎麼把這三片葉子疊在一起……

變成這張圖呢？

這些交疊的影像並沒有明顯的前後順序，因此動畫師必須利用其他演算法處理。

綠色的場景

有ᵢ一ᵢ種ᵢᵢ拍ᵢ片ᵢ技ᵢ術ᵢ叫ᵢ做ᵢ綠ᵢ幕ᵢ，讓ᵢ演ᵢ員ᵢ
能ᵢ出ᵢ現ᵢ在ᵢ各ᵢ種ᵢ奇ᵢ幻ᵢ的ᵢ場ᵢ景ᵢ中ᵢ。

先ᵢ拍ᵢ攝ᵢ演ᵢ員ᵢ在ᵢ大ᵢ片ᵢ綠ᵢ色ᵢ
布ᵢ幕ᵢ前ᵢ的ᵢ動ᵢ作ᵢ。

接ᵢ著ᵢ利ᵢ用ᵢ電ᵢ腦ᵢ移ᵢ除ᵢ
綠ᵢ色ᵢ背ᵢ景ᵢ。

採ᵢ用ᵢ綠ᵢ色ᵢ是ᵢ
因ᵢ為ᵢ它ᵢ跟ᵢ多ᵢ
數ᵢ人ᵢ的ᵢ頭ᵢ髮ᵢ
和ᵢ皮ᵢ膚ᵢ的ᵢ顏ᵢ
色ᵢ不ᵢ一ᵢ樣ᵢ。

然ᵢ後ᵢ就ᵢ可ᵢ
以ᵢ為ᵢ演ᵢ員ᵢ
加ᵢ上ᵢ任ᵢ何ᵢ
場ᵢ景ᵢ。

海底世界　　　　　外星球　　　　　未來城市

這ᵢ位ᵢ演ᵢ員ᵢ後ᵢ面ᵢ的ᵢ綠ᵢ幕ᵢ已ᵢ經ᵢ被ᵢ移ᵢ除ᵢ了ᵢ。
請ᵢ為ᵢ他ᵢ畫ᵢ上ᵢ新ᵢ的ᵢ場ᵢ景ᵢ。

擷取動作

動作擷取是一種拍攝影片的技術，利用演員的動作來創造有如真人一般的動畫角色。當遇到不可能出現或太危險的場景時，就可利用這種技術來拍片。

動作擷取怎麼運作？

讓演員穿上動作擷取服，這種衣服上面有許多看起來像乒乓球的感測器。

感測器通常有 16 個，分別裝在特定部位。

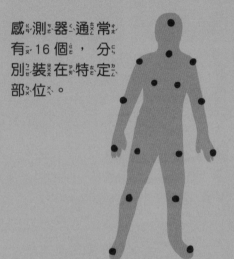

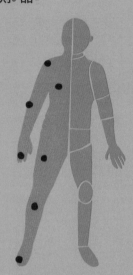

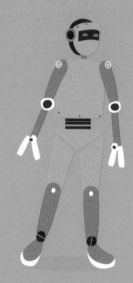

演員做動作時，攝影機會從各種角度追蹤感測器。

電腦利用這些動作資訊，創造出會動的立體人偶。

最後由動畫師依據人偶創造角色，角色動起來就會很自然。

為這件動作擷取服添加 16 個點，標示出感測器的位置。

根據感測器的位置，完成立體人偶外型。

32

讓角色動起來

現在，你有一個立體人偶了，請你創造一個角色，畫在下面的灰色人偶上。

這個角色可能是......

奇幻電影裡的巨人族

科幻節目裡的外星生物

電玩裡的大怪獸

無人機

無人機是沒有駕駛的飛行器，靠機上的電腦控制飛行，或是由地面上的人遙控，因此非常適合前往人類難以到達的地區，或執行危險任務。

可根據無人機的任務，決定它們要攜帶哪些設備。

這架無人機要去探索火山，請幫它畫上一些必要的設備。

你可以加上：

感測器，用來辨別火山排放的氣體

採集樣本的容器

溫度計

……或任何你想到的東西。

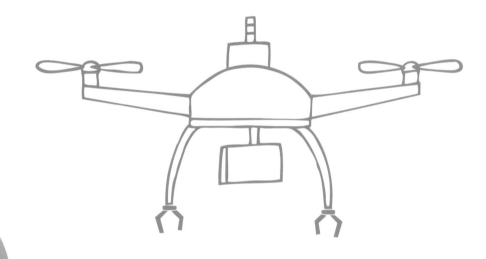

這架無人機要前往發生地震的地區幫助人們，它會攜帶哪些設備呢？

你可以加上：

緊急醫療補給品

火焰信號彈，通知救援人員去哪裡找人

滅火器

……或任何你想到的東西。

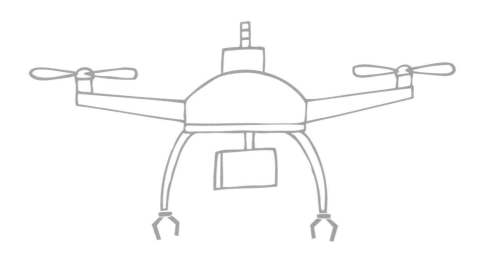

物聯網

很多生活用品現在都可以連上物聯網。 這是一種由物體串連而成的網路， 物體之間可透過網路彼此溝通。 比方說：

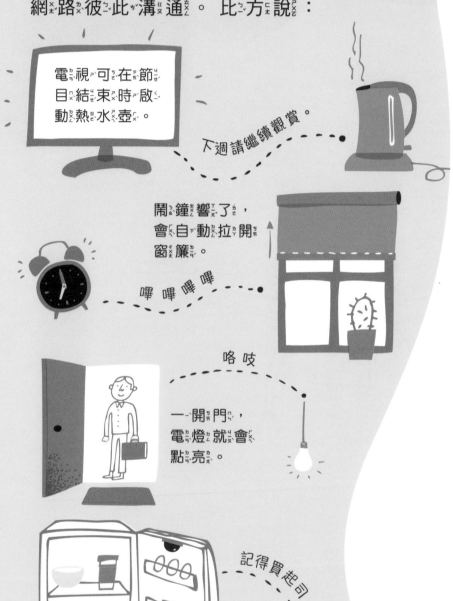

電視可在節目結束時啟動熱水壺。

下週請繼續觀賞。

鬧鐘響了，會自動拉開窗簾。

嗶 嗶 嗶 嗶

咯 吱

一開門，電燈就會點亮。

記得買起司！

冰箱可幫裡面的食物拍照，然後傳送到智慧型手機， 讓你知道該採買哪些食物。

換你設計幾個能連上物聯網的聰明器具！

你的器具能做些
什麼呢？

你要如何控制器具？
透過應用程式、電腦，
還是利用你的聲音？

你的器具需要螢幕、
按鈕、感測器或是計
時器嗎？

改良真實世界

有一種技術叫擴增實境（AR），能透過攝影機或感測器，把網路上的資訊或影像加到真實世界的景色上。雖然添加的是數位元素，但看起來就像真的存在一樣。

有些 AR 非常有用。這架飛機前方的窗戶能顯示重要的飛航資訊。

有些 AR 非常有趣。例如手機上的互動尋寶遊戲。

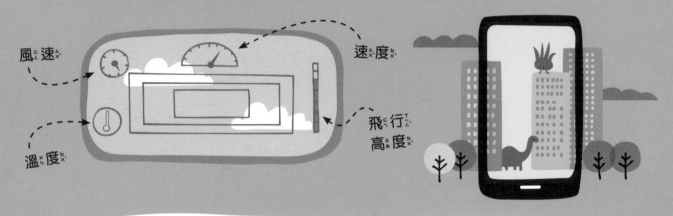

風速

速度

溫度

飛行高度

下面左邊的 AR 裝置，分別可用在右邊的哪個情況下呢？ 請畫條線連起來。

能顯示即時交通資訊的車窗。

能顯示引擎哪裡故障的眼鏡。

營業中！

智慧型手機上的地圖能顯示地標、營業時間，並以各國語言指引方向。

在國外旅遊的觀光客

蔬果貨運

負責送貨的卡車司機

修理車輛的技工

AR眼鏡能讓人一眼看到很多資訊。
下面這副眼鏡是專門為潛水的人設計的。

時間

深度

顯示氧氣
瓶還剩多
少氣體。

水溫

迷你地圖讓
潛水人員知
道自己大概
在哪裡。

這裡顯示
附近出沒的
動物。

雙鯊鮫

設計一副AR眼鏡。 先想想誰要使用， 用來做什麼，
以及可能需要哪些資訊？ 畫出從眼鏡看出去的景色，
並加上使用的人需要的資訊。

一些點子

自行車騎士的安全帽：
顯示地圖、交通和道路
狀況。

滑雪板運動員的眼鏡：
顯示山上的狀況、地圖
和滑行速度。

太空人的面罩：
顯示溫度、地點和
附近的小行星。

3D 列印

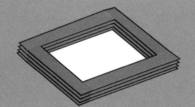

3D 列印機可印出一層層的堅固結構。 新的一層會疊在舊的上面， 逐漸堆疊出立體結構。

動手做

利用 3D 列印的做法， 一層一層製作出畫框。

把右頁的樣板影印下來，或從 ys.ylib.com/activity/STEAM/TECH/ 下載。

1. 剪下右頁所有的紙條和畫框。

2. 一次黏貼一張紙條， 把紙條貼在另一張紙條上面， 不斷往上疊， 直到貼完所有紙條。

3D 列印技術對於需要訂做的物品來說， 特別有用。在這裡畫出你覺得適合用 3D 列印技術製作的東西。

尺寸剛剛好的義肢。

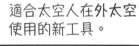

適合太空人在外太空使用的新工具。

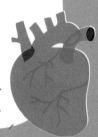

用活細胞列印而成的合成器官。

畫框

開始黏貼之前，先找一張能放在畫框中的圖片，或自己畫一張。

沿著藍色邊黏上藍色紙條。

紅色邊則黏上紅色紙條。

沿著黑色實線，剪下所有小紙條。

環保科技

很多人想發展技術幫助大自然， 減少我們在生活中對環境的破壞， 讓汙染變少， 也比較不浪費。 這種技術稱為環保科技。

設計一棟新穎的房子， 讓它有各種環保的功能和技術。 可以參考下面的點子。

有什麼方法可以蒐集水， 並再次使用？

用水桶蒐集雨水

回收洗碗水

善用空間種植可吃的蔬果。

在自家裝設發電設備。

風力機

水車

太陽能板

人體發電

人類好比能走路、會講話的能源機器，但大多數時間這些能源都浪費掉了。科學家正在研發新技術，希望能在人們的日常生活中蒐集這些能源。以下是科學家正在探索的人體能源。

電力

旋轉木馬

嘎嘎

驗票閘門

渦輪轉動通常能產生電。任何可以旋轉的東西，都能用來當做渦輪。

旋轉門

鞋子

在特製的地磚上製造壓力，也能產生小小的電能。

地磚

燃料

通常車子要動，就必須燃燒燃料。燃料由石油製成，但我們也可以燃燒各種廢棄物來讓車輛前進。

吱吱

堵住下水道的油脂

烹飪後的廢油

人類的排泄物

人體會產生很多熱能，把這些熱蒐集起來，能把水加熱或讓住家變得暖和。

日常生活中， 還有哪些方法可以發電呢？
請在這裡畫出你想像的發電新技術。

一些點子

踩踏就能供電給電視機的健身腳踏車

每跳一下就能產生電能的彈跳床

燃燒餐廳廚餘，來加熱爐子

蹦！

資料探勘

當你上網，網站會儲存你點擊、觀看或購買物品的訊息或數據，進一步分析，這個程序叫做資料探勘。網站還會利用分析結果，決定往後要讓你看到哪些內容。

播放電視節目的網站會設法了解使用者，請你利用右邊的探勘資料來判斷，網站應該推薦給各個使用者哪個節目。

這種程序稱為決策樹，因為它排列資料的方式很像樹木的分枝。

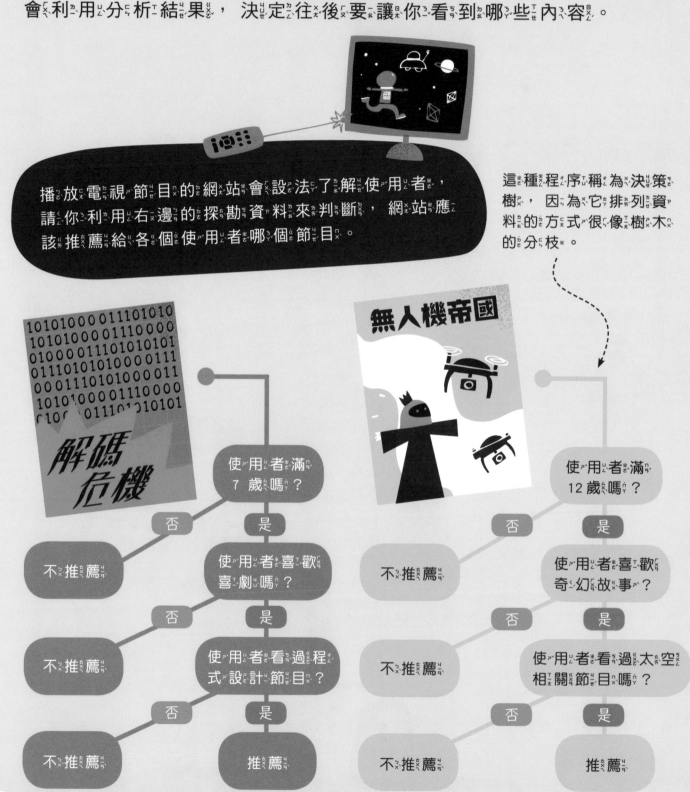

使用者滿7歲嗎？

否 → 不推薦
是 → 使用者喜歡喜劇嗎？

否 → 不推薦
是 → 使用者看過程式設計節目？

否 → 不推薦
是 → 推薦

無人機帝國

使用者滿12歲嗎？

否 → 不推薦
是 → 使用者喜歡奇幻故事？

否 → 不推薦
是 → 使用者看過太空相關節目嗎？

否 → 不推薦
是 → 推薦

金姆

年齡：12 歲

喜歡：奇幻、喜劇

最常看：太空節目

推薦：_____

亞歷士

年齡：8 歲

喜歡：卡通、奇幻、科幻

最常看：程式設計節目

推薦：_____

安迪

年齡：13 歲

喜歡：卡通、科幻

最常看：機器人節目

推薦：_____

山姆

年齡：7 歲

喜歡：科幻、喜劇、奇幻

最常看：程式設計節目

推薦：_____

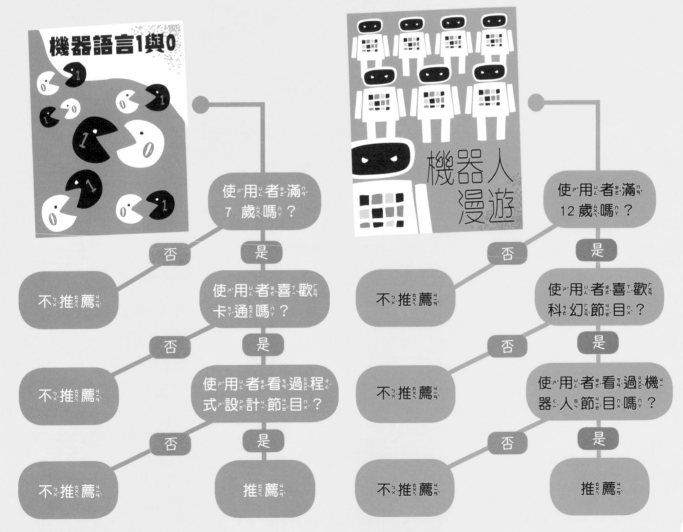

追蹤你的生活

有些技術可穿在身上，叫穿戴式技術，用來感測、追蹤和監控你的健康。生活記錄過程中會用到攝影機、運動感測器、溫度計和心率監測器等設備。

心跳速度

睡眠時數

活動量

體溫

這位衝浪者戴了一支能記錄生活狀態的手錶。

荷爾蒙濃度

皮質醇和腎上腺素這類荷爾蒙能顯示壓力程度。

下面是三個不同人的生活紀錄。請根據蒐集到的資料，推測資料主人是誰，並畫線連起來。

心跳｜每分鐘 150 下，非常快
體溫｜38℃，偏高

睡眠｜15 小時
體溫｜37℃，正常

腎上腺素｜高得嚇人
心跳｜每分鐘 130 下，相當快

Zzz

啊！

喘喘

設計穿戴式技術

測量心跳率的
項鍊

量體溫的
帽子

想想看，你的裝置要穿戴在哪裡，記錄的又是什麼數值。這裡提供一些點子。

分析睡眠的
T恤

計算步數的
鞋子

你可以發明一個可同時測量好幾項資料的裝置，也可以用不同裝置測量不同資料。

在這個人身上畫出你的發明。

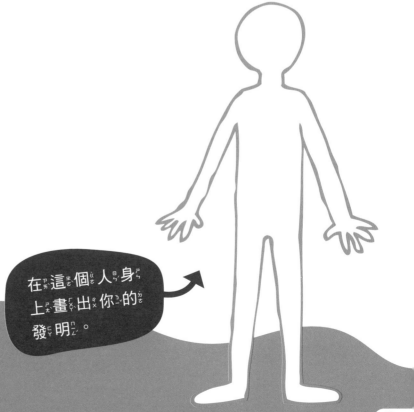

多邊形圖

為了在動畫裡創造出立體的物體， 製作影片的人會結合很多平面形狀， 這些平面形狀稱為多邊形。

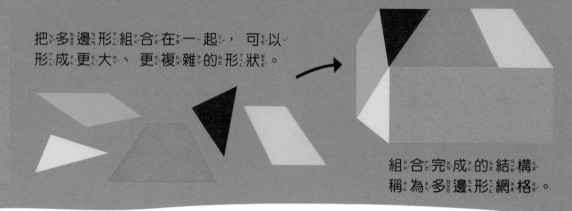

把多邊形組合在一起， 可以形成更大、 更複雜的形狀。

組合完成的結構稱為多邊形網格。

用直線把這些點連起來， 完成這隻動畫大象的網格。 （ 連線的方式不只一種） 。

電腦會把多邊形網格變成會動的立體人物或形狀。

為它打上燈光

網格完成後，電腦會加上燈光效果，由光線投射演算法自動為每個多邊形加上陰影，讓網格像是被光線照射的真實立體物件。

燈光效果怎麼運作？

光線照在這面，所以這裡的多邊形顏色比較淺。

光線照不到這面，所以這裡的多邊形顏色比較深。

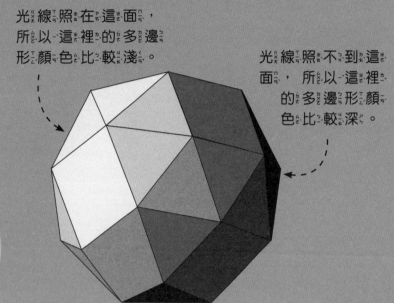

如果你改變物體或光線的位置，演算法會自動調整網格上的陰影。

光線投射演算法會如何為這隻海豚加上陰影呢？請你用鉛筆塗上不同深淺的顏色。

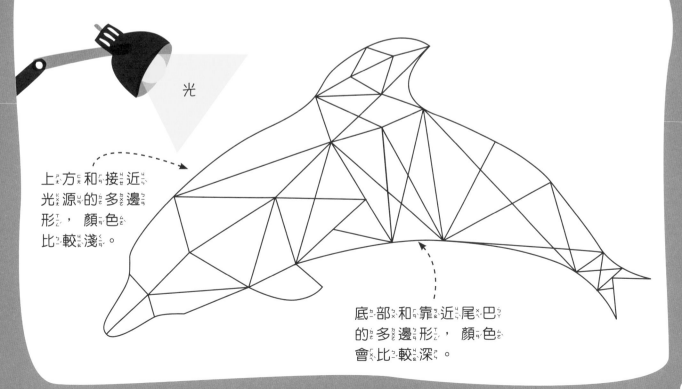

上方和接近光源的多邊形，顏色比較淺。

底部和靠近尾巴的多邊形，顏色會比較深。

防火牆過濾器

電腦利用網路彼此溝通。 為了安全，網路有安全防護措施，稱為防火牆。 如果有訊息沒經過允許就想存取電腦，防火牆就會封鎖它們。 下面是防火牆運作的方式：

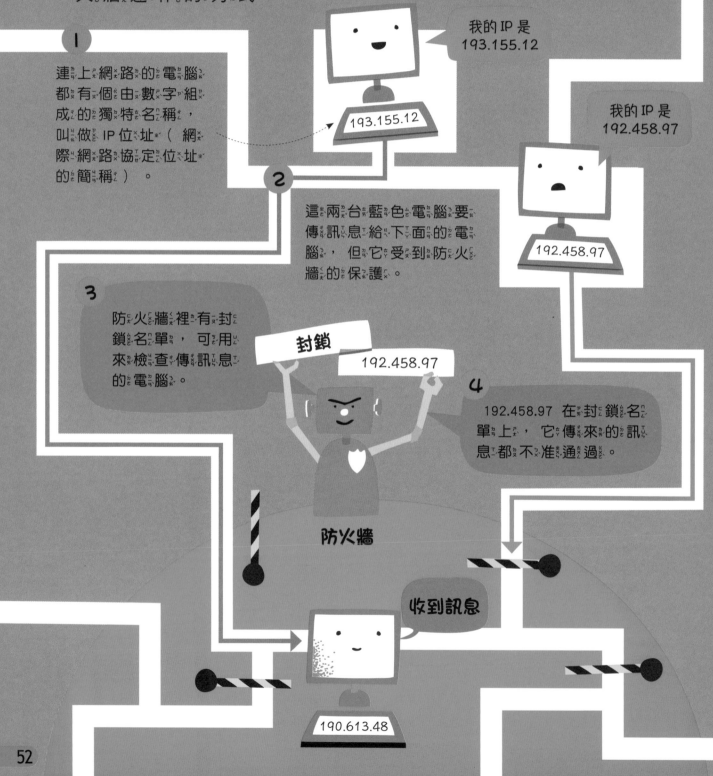

1

連上網路的電腦都有個由數字組成的獨特名稱，叫做 IP 位址（網際網路協定位址的簡稱）。

我的 IP 是
193.155.12

193.155.12

我的 IP 是
192.458.97

192.458.97

2

這兩台藍色電腦要傳訊息給下面的電腦，但它受到防火牆的保護。

3

防火牆裡有封鎖名單，可用來檢查傳訊息的電腦。

封鎖

192.458.97

4

192.458.97 在封鎖名單上，它傳來的訊息都不准通過。

防火牆

收到訊息

190.613.48

這裡有四台電腦想要傳訊息給防火牆裡面的電腦，但其中兩台在封鎖名單上。

防火牆只能在紅色圓圈裡運作。 你可以幫忙建立防火牆嗎？ 請在圓圈裡的路線加上障礙， 阻擋被封鎖的電腦傳送的訊息。

其中一個障礙已經畫好了。

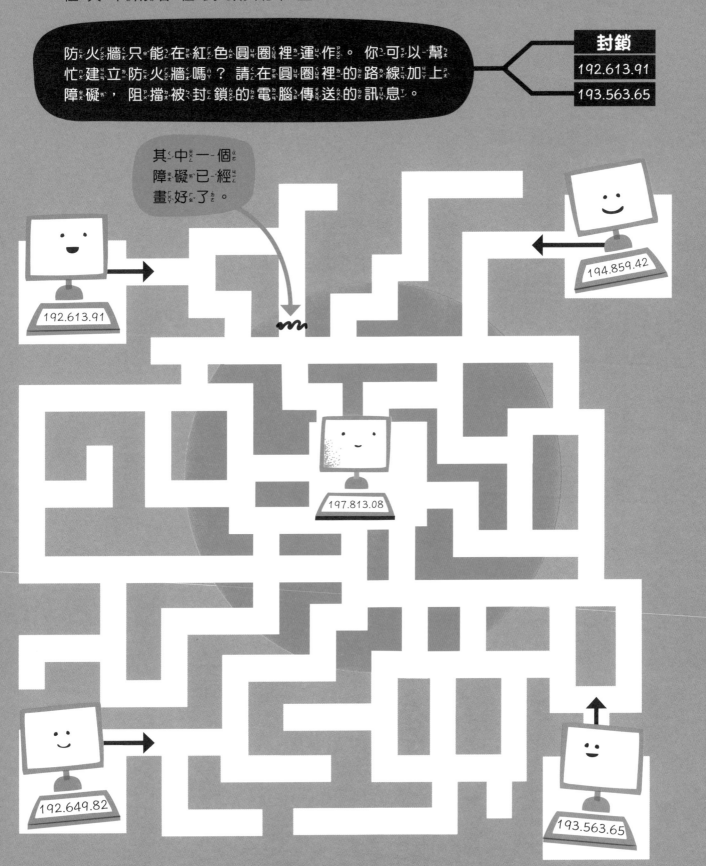

192.613.91

194.859.42

197.813.08

192.649.82

193.563.65

模仿動物的機器人

研究新一代機器人的工程師常向大自然借點子，他們會參考動物厲害的外型和移動的方式，用來設計機器人，這種方法稱為仿生學。

設計仿生機器人

利用來自動物的靈感畫出機器人，它有什麼特色與技能？下面和右頁提供了一些點子，或許可以幫助你思考。

參考動物：魟魚
用途：監測海洋

快速
游動

流線的
外型

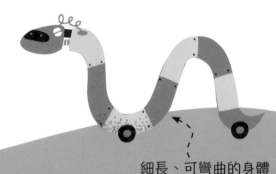

細長、可彎曲的身體

參考動物：蛇
用途：在不同地形上移動

參考動物：鳥

用途：嚇跑害蟲，或

從空中拍照

參考動物：甲蟲

用途：執行搜救任務

可快步前進的
微小身體

參考動物：壁虎

用途：爬牆

有吸力、能黏
在牆上的腳

你的仿生機器人

機器人名稱：＿＿＿＿＿＿＿＿＿＿＿

靈感來源：＿＿＿＿＿＿＿＿＿＿＿＿

特色：＿＿＿＿＿＿＿＿＿＿＿＿＿

用途：＿＿＿＿＿＿＿＿＿＿＿＿＿

加密任務

很多人會透過網路付款，把信用卡號碼和銀行帳戶資料輸入網站。為了安全，必須弄亂這些資料，也就是加密，才不會遭人竊取。線上加密技術是使用一套複雜的規則來隱藏數字。

試著發明一套規則，幫下面的信用卡號碼加密。

你的加密規則可以是：

幫每個數字加 3
把數字倒過來寫
每個數字都乘以 2
每兩個數字前後交換

舉例來說，如果你的規則是每個數字乘以 2，號碼 4312 就會變成 8624。

加密規則愈複雜，愈難破解。

加密規則：

____

信用卡號碼①：6587 4464 2331 9677

加密後的號碼：- - - - - - - - - - - - - - - - - -

信用卡號碼②：1363 7825 9122 3374

加密後的號碼：- - - - - - - - - - - - - - - - - -

網路上傳送的資訊大多利用一種稱為公鑰加密的技術來保障資訊的安全， 這種技術的運作方式就像這樣……

公鑰會加密這項資訊，規則就像左頁所說的一樣。

接著由私鑰解鎖資訊，把它變回可理解的資訊。

即將傳送的重要資訊

公鑰

加密的版本會透過網路傳送

私鑰

接收到的重要資訊

這有點像是附了鑰匙的掛鎖， 任何人都可用它來鎖住東西（ 公鑰的功能）， 但只有拿到鑰匙的人可以打開它（ 私鑰的功能）。

下面是一些簡單的公鑰加密過程， 請想辦法破解， 並在空白處填入訊息或規則。

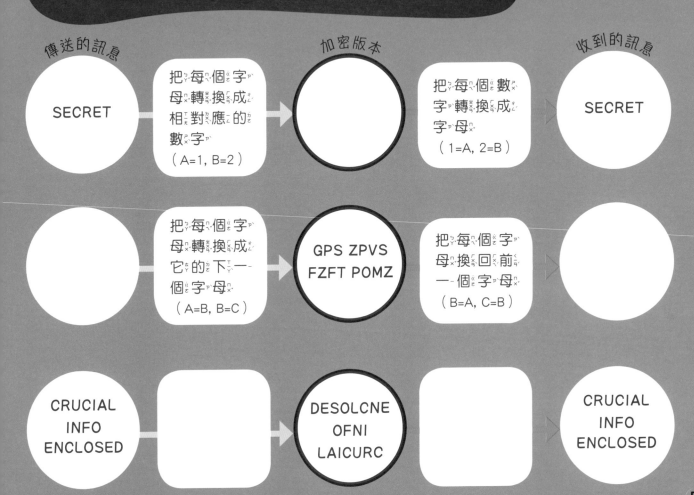

傳送的訊息

SECRET

把每個字母轉換成相對應的數字（A=1, B=2）

加密版本

把每個數字轉換成字母（1=A, 2=B）

收到的訊息

SECRET

把每個字母轉換成它的下一個字母（A=B, B=C）

GPS ZPVS FZFT POMZ

把每個字母換回前一個字母（B=A, C=B）

CRUCIAL INFO ENCLOSED

DESOLCNE OFNI LAICURC

CRUCIAL INFO ENCLOSED

聲納的英文簡稱 SONAR（sound navigation and ranging），意思是聲波導航與測距，可用來測量水域的深度。

聲納怎麼運作？

進行測量的船會朝海底發射聲波。

聲波碰到海底會反彈，然後傳回船上。

回音傳回海面所花的時間愈久，代表這裡的海洋愈深。

聲納可協助製作海床的地圖。由於大船行駛的水域要有一定的深度，因此領航員會利用像右邊那樣的地形圖來規劃路線。不同顏色代表不同的深度。

圖例

深度	
0-9 公尺	
10-19 公尺	
20-29 公尺	
30-39 公尺	
40-49 公尺	

橘紅色是水域最淺的地方。

綠色是水域最深的地方。

這艘船只能在深度超過 20 公尺的水域航行。

你能找出安全的路線，讓船從 A 港口航行到 B 港口嗎？

A 港口

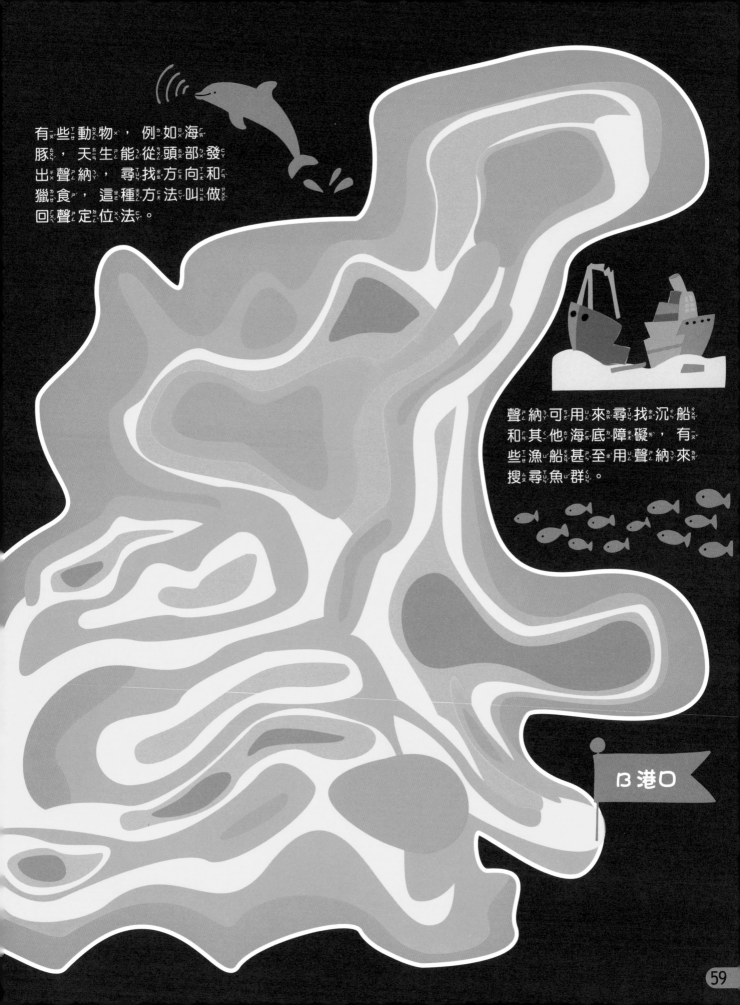

有些動物，例如海豚，天生能從頭部發出聲納，尋找方向和獵食，這種方法叫做回聲定位法。

聲納可用來尋找沉船和其他海底障礙，有些漁船甚至用聲納來搜尋魚群。

13 港口

摺紙技術

日本古老的摺紙藝術啟發了許多尖端科技，有種稱為三浦摺疊的技術特別有用，能讓平面東西縮小或變大。

太空科技

為了順利發射，太陽能板必須摺疊起來。

之後再打開，捕捉太陽光。進行發電。

醫療科技

摺疊後的網子可以滑進受傷的血管裡。

展開網子就能撐開血管，方便治療。

動手做

把右頁的樣板影印下來，或從 ys.ylib.com/activity/STEAM/TECH/ 下載，然後沿著黑色實線剪下來。

1. 沿著直線摺紙。黑線往上摺，綠線往下摺，把整張紙變成細長的紙條。

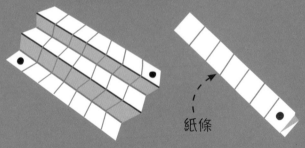

紙條

2. 接著，沿斜線把紙條摺起來。紅線往上摺，把藍線往下摺。

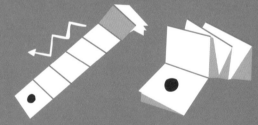

3. 把紙攤開，重新摺一次這些之字形的線。讓摺疊的線條變得更銳利。

把紅色的之字形線條往上捏。

把藍色的之字形線條往下摺。

4. 沿著之字形的線把紙摺起來，讓它縮小。

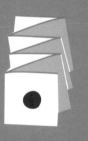

5. 抓住兩個角落的黑點，試著把紙拉開，再闔起。摺疊過的紙張應該可以輕易的開闔。

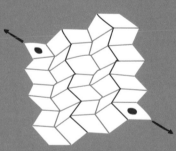

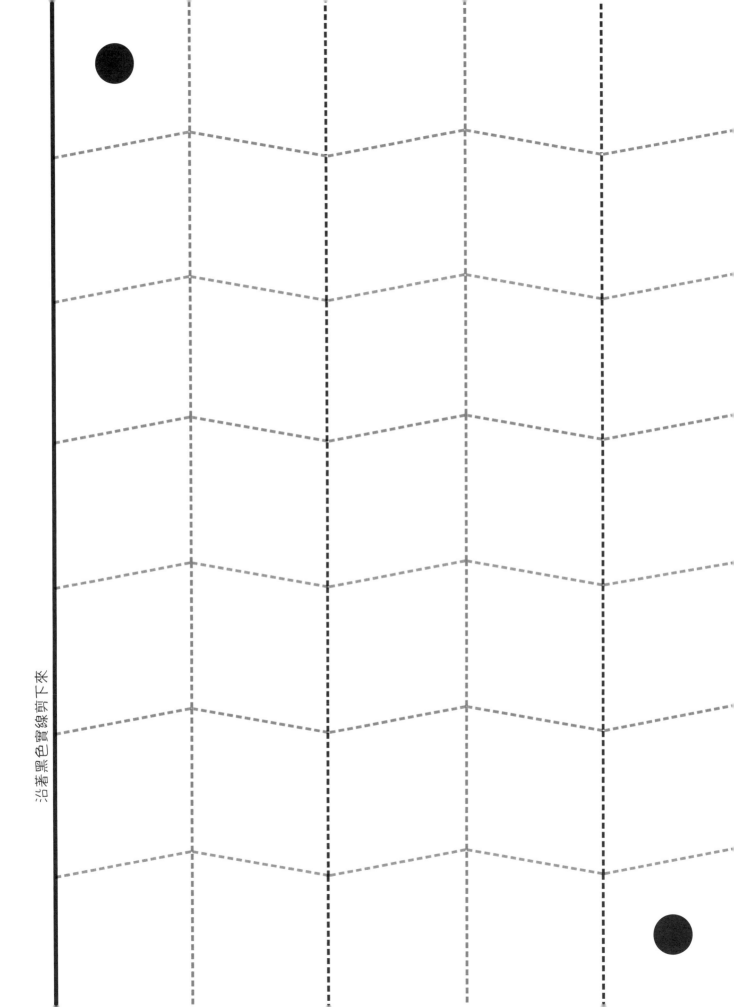

沿著黑色實線剪下來

打造新科技所需要的金屬多半很罕見，也很難開採。有個解決辦法是從老舊或廢棄的電子裝置（又稱為電子廢棄物）回收材料，這個程序稱為都市採礦。

你可以在下面的回收物裡找到這些材料：

- 矽
- 石墨
- 鈷
- 金
- 銅
- 鋼
- 鋰
- 塑膠
- 鈀
- 鎳

製造一支智慧型手機需要右邊列出的材料：

你可以在回收物裡找到它們嗎？只要回收產品中含有你需要的材料，就用筆把它圈起來。

智慧型手機

筆記型電腦

電熱水壺

平板電腦

吹風機

音樂播放器

手錶

印表機

電動搖桿

相機

電視

回收上面哪兩樣產品就能製作一支新的智慧型手機呢？

1.

2.

63

線上財富

加‍密‍貨‍幣‍是‍一‍種‍只‍存‍在‍網‍路‍上‍的‍金‍錢‍，無‍法‍握‍在‍手‍裡‍，但‍能‍在‍網‍路‍上‍買‍賣‍東‍西‍。加‍密‍貨‍幣‍通‍常‍靠‍挖‍礦‍產‍生‍，也‍就‍是‍透‍過‍電‍腦‍解‍決‍複‍雜‍的‍謎‍題‍，然‍後‍獲‍得‍貨‍幣‍做‍為‍獎‍賞‍。

試試看 開‍採‍虛‍擬‍的‍加‍密‍貨‍幣‍，
這‍裡‍的‍作‍法‍跟‍電‍腦‍有‍點‍像‍。

首‍先‍，請‍你‍解‍決‍
這‍些‍計‍算‍問‍題‍。

可以利用這片空白進行計算。

$26 + 3 + 1 - 16 =$

$35 - 10 + 3 - 1 =$

$5 \times 2 \times 3 =$

$15 + 7 - 20 + 5 =$

$3 \times 3 \times 2 =$

$41 - 11 - 15 - 9 =$

$121 \div 11 =$

$36 + 3 - 20 + 4 =$

$9 + 8 + 10 - 12 =$

這‍個‍挖‍礦‍過‍程‍代‍表‍貨‍幣‍要‍花‍功‍夫‍才‍能‍獲‍得‍，不‍會‍憑‍空‍出‍現‍。真‍正‍的‍計‍算‍非‍常‍複‍雜‍，可‍能‍要‍用‍超‍級‍快‍的‍電‍腦‍，花‍好‍幾‍個‍月‍的‍時‍間‍才‍能‍解‍決‍。

科幻技術

幾十年來，科幻作家不停想出驚人的裝置，其中有些啟發了尖端科技。請閱讀黑色方格裡的文字，找出哪個故事啟發了右邊的科技，並把代表科技的英文字母填在白色方格內。

書名：在 2889 年
年代：1889 年
作者：凡爾納（Jules Verne）
故事內容：
人們利用叫做電傳音像的機器溝通，透過鏡子和電線，把影像及聲音傳到遠方。

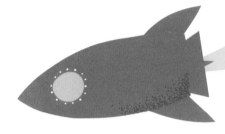

A 太空火箭

書名：世界大戰
年代：1897 年
作者：威爾斯（H.G. Wells）
故事內容：
來自火星的侵略者搭乘巨大的星際戰鬥機來到地球。

B 全球資訊網

書名：1984
年代：1949 年
作者：歐威爾（George Orwell）
故事內容：
政府透過一種叫做電傳螢幕的裝置監視每個人。

C 視訊電話

書名：撥打 F 找科學怪人
年代：1961 年
作者：克拉克（Arthur C. Clarke）
故事內容：
全世界所有家庭的電話都串連起來，可在同一個網路上彼此溝通。

D 監視攝影機

想像你正在寫一本關於星際探險家的科幻小說，書中的探險家要在銀河系尋找外星人，請設計一款裝置來幫助他。

可偵測生命的感測器？

x%$ 98*22!X

可翻譯外星語言的機器？

哈囉，地球人

新型太空船？

邏輯思考

電腦裡的資訊以 0 和 1 的形式儲存，而電腦裡的電路會用一種稱為邏輯閘的裝置處理這些數字。邏輯閘得到數字（輸入）後，會根據一套規則轉成輸出。以下是其中三種邏輯閘：及閘、或閘、反閘。

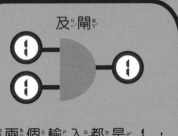

若兩個輸入都是 1，則輸出為 1；其他狀況輸出為 0。

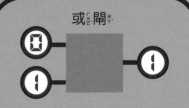

如果任何一個輸入是 1，則輸出 1；其他狀況輸出為 0。

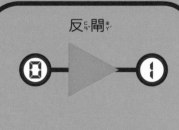

輸出是輸入的相反。

根據下面的電路，在圓圈裡寫上每個邏輯閘的輸出。

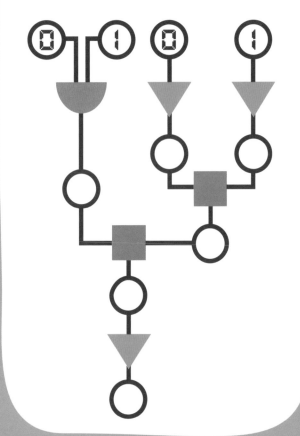

為這個電路畫上消失的邏輯閘。

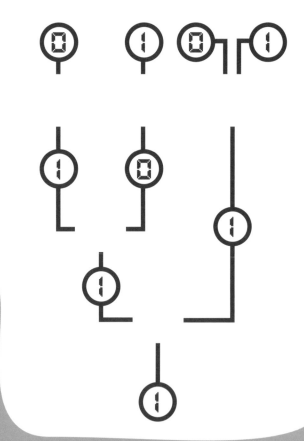

未來食物

生物技術是一種利用生物來解決問題的技術， 例如科學家可以**編輯**作物的基因， 讓植物具備有用的特性， 像是抵抗疾病、 承受極端氣候， 或是更美味。

什麼是基因？

基因是生物內部的指令， 會告訴生物要長成什麼模樣， 具備什麼特性。

基因由四種關鍵成分組成， 稱為鹼基。 鹼基以特定的方式配對。

許許多多的鹼基對形成一條長鏈， 也就是去氧核醣核酸的， 簡稱 DNA 。

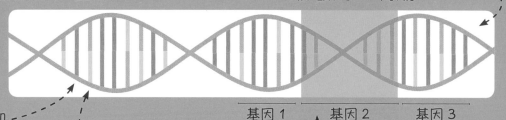

1 鹼基 1 和鹼基 2 配對。

2

3 鹼基 3 和鹼基 4 配對。

4

基因1   基因2   基因3

所有基因的長度都不一樣， 鹼基組合也不同。

科學家必須先判斷哪個基因會影響植物的哪個特徵， 才能編輯基因。

下面的植物各有需要加強的特性， 請你幫忙配對， 把代表特性的英文字母填入圖片右上的方格裡。

A 耐旱： 讓作物能在乾燥的環境裡生存。

B 強壯的枝幹： 幫助作物撐過颱風的天氣。

C 抗澇： 讓作物能在潮溼的環境裡生存。

假設你想改良香蕉。 右頁是
這種香蕉樹的部分基因。

把下一頁的樣板影印下來，或從
ys.ylib.com/activity/STEAM/TECH/
下載。沿著黑色實線剪開 DNA 長鏈，
以及三段空白的基因。

I. 製作 DNA。

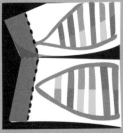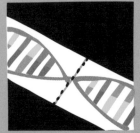

沿紅色虛線對摺， 讓
DNA 面對面， 把兩個
藍綠色塊相黏。

沿著黑色虛線
把第二段 DNA
往後摺。

第二與第三段 DNA 也一
樣， 把黃色塊相黏，
就完成一條 DNA 了。

2. 根據圖例， 在空白的「 新基因」 裡
填上鹼基的顏色。

| 1 | 2 | 3 | 4 |

3. 以下是必須剪掉的基因。 請在香蕉
的 DNA 裡找到它們， 用鉛筆標出來。

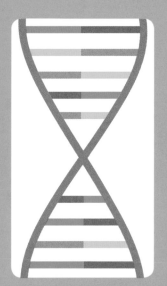

這段基因讓植物
容易生病。

這段基因讓水果
容易碰傷。

這段基因代表水果
含有較少維他命。

4. 剪下不要的基因， 在空缺的地方
黏上新基因。

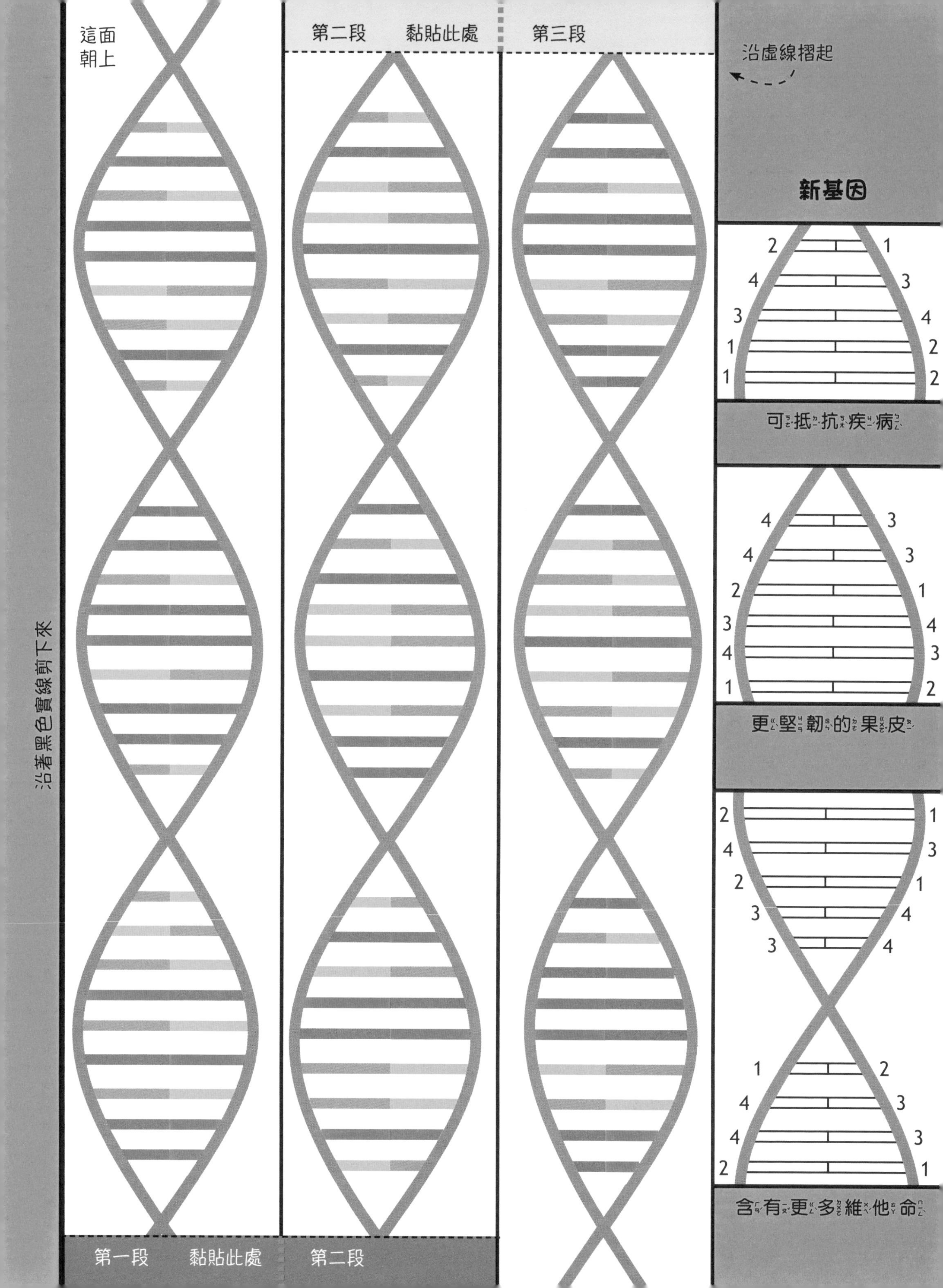

這面
朝上

沿著黑色實線剪下來

第二段　　黏貼此處

第三段

沿虛線摺起

新基因

可抵抗疾病

更堅韌的果皮

含有更多維他命

第一段　　黏貼此處　　第二段

未來電腦

電腦的運作仰賴充滿開關的晶片， 一個晶片上有愈多開關， 能處理的資訊愈多， 速度也愈快。 過去 50 年來， 開關愈變愈小， 晶片能承載的開關也愈來愈多。

但是……

物體有一定的限制， 開關不可能持續變小。

所以科學家想要研發新的運算方式。

研究人員正在研究這些令人興奮的新型運算系統。
請將每個系統與正確的描述相連。

量子運算

開　　關　　開及關

A

傳統電腦使用電， 這種新型運算系統使用光。 光可以傳送的訊息量是電的 20 倍。

類神經型態運算

B

使用比原子更小的次原子粒子——量子位元來取代開關。 量子位元的狀態可以是開或關， 或是開及關， 因此可同時處理更多可能性。

光學運算

C

必須使用很多台電腦共同完成任務。

雲端運算

D

模仿大腦細胞或神經元處理資訊的方式， 能讓處理過程更快、 更有效率。

科技大未來

科技的發展非常快速，新的科技可能對人類生活產生重大影響，因此思考或討論更廣泛的問題非常重要，例如科技如何融入我們的社會、科技應該解決什麼，以及不應該做什麼。

你認為呢？

在空白的地方寫下你的想法和點子。

科學家一直想讓電腦更聰明，但電腦變得太聰明是好事嗎？

如果電腦能推翻人類的指令，會發生什麼事？

如果電腦能瞞著人類跟其他電腦溝通，會發生什麼事？

電腦可以比人類更聰明嗎？

現在很多工作都由機器完成，而不是人類，因為比較安全，花費也比較便宜。但有沒有什麼工作，是機器永遠無法做到的？

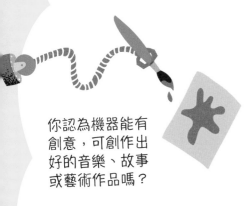

你認為機器能有創意，可創作出好的音樂、故事或藝術作品嗎？

機器會關心別人，幫助病人或老人嗎？

不行

不確定

可以

該讓機器管理人類嗎？

這些問題沒有正確答案。科學家、政府和社會大眾持續爭論這些問題，人們的想法也一直在改變。

10～11 電纜連成網路

從日本到格陵蘭最快的路線是黑色這條路徑，總共經過11條電纜。

日本和格陵蘭之間可以加進一條新路線，也就是藍色電纜所在的位置。

封包要在紐西蘭和日本之間傳遞有4條路線，分別以橘色、黃色、粉紅色和紫色標示。

紅色圓圈就是遭到鯊魚破壞的地方。

12～13 和機器對話

把開關上的開塗黑，會看見恐龍。

拼出來的英文單字是：QUACK。

15 一個口令一個動作

數字排出來依序是這樣：

1	6	3	9	7
1	3	6	9	7
1	3	6	9	7
1	3	6	7	9

18～19 封包拼圖

完整的影像看起來像這樣。

24～25 自動輸入文字

最有可能出現
的句子是：

嗨，你今天要做什麼？

最不可能出現
的句子是：

嗨，我有要你雨傘！

28～30 創造虛擬世界

這些圖疊起來的
順序如下：

遠景

近景

| 天空 | 沙丘 | 駱駝 | 樹 | 綠洲 |

38～39 改良真實世界

46～47 資料探勘

金姆 　　　　亞歷士

無人機帝國　　機器語言1與0

安迪 　　　　山姆

機器人漫遊　　解碼危機

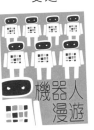

48 ～ 49 追蹤你的生活

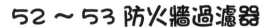

| 心跳｜每分鐘 150 下，非常快 | 睡眠｜15 小時 | 腎上腺素｜高得嚇人 |
| 體溫｜38℃，偏高 | 體溫｜37℃，正常 | 心跳｜每分鐘 130 下，相當快 |

52 ～ 53 防火牆過濾器

你可以把障礙畫在這些地方，位置可能稍微不同。

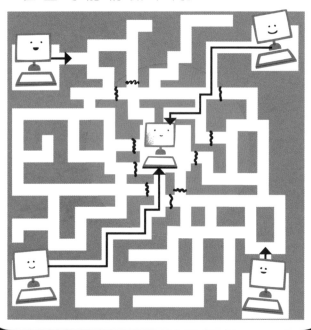

56 ～ 57 加密任務

1. 經過加密的訊息：

   19 5 3 18 5 20

2. 傳送的訊息：

   FOR YOUR EYES ONLY

3. 加密規則：

   倒著寫

58 ～ 59 未知的水域

這是船可以在兩個港口之間航行的路線。

A 港口

B 港口

63 在垃圾堆裡尋寶

只要回收這兩樣裝置，就能製造新的智慧型手機：

手錶和相機

64～65 線上財富

加密貨幣在粉紅色圓圈裡。

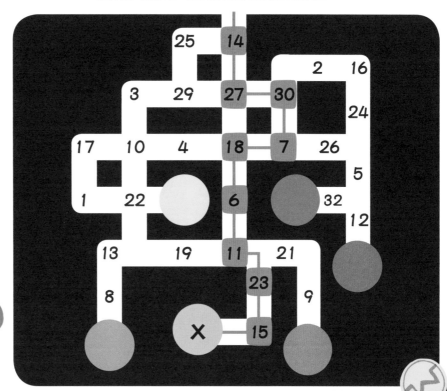

$26 + 3 + 1 - 16 =$ 14

$35 - 10 + 3 - 1 =$ 27

$5 \times 2 \times 3 =$ 30

$15 + 7 - 20 + 5 =$ 7

$3 \times 3 \times 2 =$ 18

$41 - 11 - 15 - 9 =$ 6

$121 \div 11 =$ 11

$36 + 3 - 20 + 4 =$ 23

$9 + 8 + 10 - 12 =$ 15

66～67 科幻技術

A 《在 2889 年》
視訊電話

B 《世界大戰》
太空火箭

C 《1984》
監視攝影機

D 《撥打 F 找科學怪人》
全球資訊網

68 邏輯思考

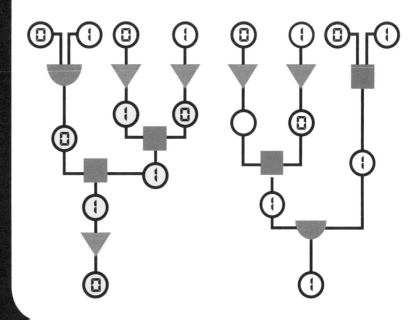

69～72 未來食物

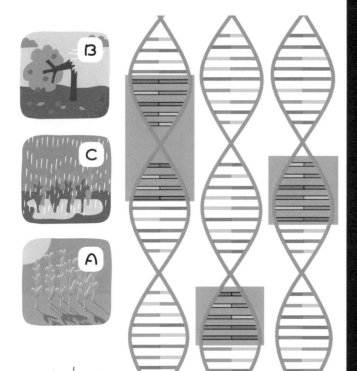

被編輯過的香蕉樹 DNA
看起來應該像這樣。

73 未來電腦

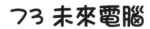

量子運算 → B

類神經型態運算 → D

光學運算 → A

雲端運算 → C

我的 STEAM 遊戲書：科技動手讀

作者／愛麗絲・詹姆斯（Alice James）、湯姆・曼布雷（Tom Mumbray）

譯者／江坤山

責任編輯／盧心潔　封面暨內頁設計／吳慧妮

出版六部總編輯／陳雅茜

發行人／王榮文

出版發行／遠流出版事業股份有限公司

地址／臺北市南昌路 2 段 81 號 6 樓

郵撥／ 0189456-1　電話／ 02-2392-6899　傳真／ 02-2392-6658

遠流博識網／ www.ylib.com　電子信箱／ ylib@ylib.com

ISBN 978-957-32-8919-7

2021 年 2 月 1 日初版　定價・新臺幣 450 元

TECHNOLOGY SCRIBBLE BOOK

By Alice James And Tom Mumbray

Copyright: ©2019 Usborne Publishing Ltd.

Traditional Chinese edition is published by arrangement with Usborne Publishing Ltd. through Bardon-Chinese Media Agency.

Traditional Chinese edition copyright: 2021 YUAN-LIOU PUBLISHING CO., LTD.

國家圖書館出版品預行編目（CIP）資料

我的 STEAM 遊戲書：科技動手讀／愛麗絲・詹姆斯（Alice James），湯姆・曼布雷（Tom Mumbray）作；江坤山譯 . – 初版 . – 臺北市：遠流出版事業股份有限公司，2021.02　80 面；　公分 注音版

譯自：Technology scribble book

ISBN 978-957-32-8919-7（精裝）

1. 科學實驗 2. 通俗作品　303.4　　　　　　　109019281